学而思
受益一生的能力

二十四节气故事

学而思大语文分级阅读

第一学段·1~2年级

学而思教研中心 改编

石油工业出版社

前　言

——写给爸爸妈妈和老师

“阅读力就是成长力”，这个理念越来越成为父母和老师的共识。的确，阅读是一个潜在的“读——思考——领悟”的过程，孩子通过这个过程，打开心灵之窗，开启智慧之门，远比任何说教都有助于成长。

儿童教育家根据孩子的身心特点，将阅读目标分为三个学段：第一学段（1~2 年级）课外阅读总量不少于 5 万字，第二学段（3~4 年级）课外阅读总量不少于 40 万字，第三学段（5~6 年级）课外阅读总量不少于 100 万字。

从当前的图书市场来看，小学生图书品类虽多，但未做分级。从图书的内容来看，有些书籍虽加了拼音以降低识字难度，可文字量太大，增加了阅读难度，并未考虑孩子的阅读力处于哪一个阶段。

阅读力的发展是有规律的。一般情况下，阅读力会随着年龄的增长而增强，但阅读力的发展受到两个重要因素的影响：阅读兴趣和阅读方法。影响阅读兴趣的关键因素是智力和心理发育程度，而阅读方法不当，就无法引起孩子的阅读兴趣，所以孩子阅读的书籍应该根据其智力和心理的不同发展阶段进行分类。

教育学家研究发现，1~2 年级的孩子喜欢与大人一起朗读或

阅读浅近的童话、寓言、故事。通过阅读，孩子能获得初步的情感体验，感受语言的优美。这一阶段要培养的阅读方法是朗读，要培养的阅读力就是喜欢阅读，还可以借助图画形象理解文本、初步形成良好的阅读习惯。

3~4 年级的孩子阅读力迅速增强，阅读量和阅读面都开始扩大。这一阶段是阅读力形成的关键期，正确的阅读方法是默读、略读；阅读时要重点品味语言、感悟形象、表达阅读感受。

5~6 年级的孩子自主阅读能力更强，喜欢的图书更多元，对语言的品味更有要求，开始建立自己的阅读趣味和评价标准，要培养的阅读方法是浏览、扫读；要培养的阅读力是概括能力、品评鉴赏能力。

本套丛书编者秉持“助力阅读，助力成长”的理念，精挑细选、反复打磨，为每一学段的孩子制作出适合其阅读力和身心发展特点的好书。

我们由衷地希望通过这套书，孩子能收获阅读的幸福感，提升阅读力和成长力。

学而思教研中心

目录

chūn 春

春，是万物之始。春季里的节气有立春、雨水、惊蛰、春分、清明和谷雨。

立春

"立"是"开始"的意思，"东风吹散梅梢雪，一夜挽回天下春。"一到立春，便意味着万物闭藏的冬季已过去，天气不再寒冷，逐渐暖和，冰雪也逐渐融化，开始进入风和日丽、万物生长的春季。

雨水

立春过后，便是雨水了。"好雨知时节，当春乃发生。"春天的雨水是贵如油的，有了充足的春雨浇灌，草木变得更加滋润，这样它们才能在接下来的节气里茁壮成长。

惊蛰

万物被雨水滋润后，就来到了惊蛰。"惊蛰已数日，闻蛙初此时。"萌芽的植物们开始疯狂生长啦，冬眠的小动物们也纷纷走出洞来活动、觅食，准备开始新一年的生活。

春分

到了春分，春天就过了一半，这是一个百花争艳的好节气：海棠花开得红红火火，玉兰花也开始在枝头绽放，荠菜、苋菜等各种野菜也开始冒头了。

清明

转眼又来到了清明，清明不只是一个节气，更是我国重要的传统节日。每年清明前后，家家户户都会去祭祖、扫墓，以此来表达对先人的追忆与感恩，祈求祖先的庇佑和守护。

谷雨

“花前细细风双蝶，林外时时雨一鸠。”春季的最后一个节气是谷雨。此时，雨水更加丰沛，大地上的植物越发茁实。而雨后的彩虹美景更是会经常出现，大自然更加五彩斑斓！

立春

[节气知识]

立春，在每年公历2月3日至5日之间，以2月4日居多。立春是二十四节气中的第一个节气，“立”是开始的意思，“立春”就是春天开始了。这一天之后，白天渐长，日照增加，万物闭藏的冬季已过去，开始进入复苏的季节，万物至此渐次生长，气温也开始逐渐回升。

立春后，从东边刮来的暖风将大地上的冰雪逐渐解冻，因此在泥土里蛰居的各种昆虫也随着大地的慢慢变暖而苏醒。河里的冰也渐渐地融化了，鱼儿开始到水面上游动。但此时的水面上还有没完全融化的碎冰片，这些碎冰片就像被鱼背负着一样，漂浮在水面上。

立春三候

一候东风解冻；
二候蛰虫始振；
三候鱼陟负冰。

[节气故事]

咬　春

*

传说在很久以前，瘟疫四起，所有人都得了一种怪病。得这种病的人都像喝醉了酒似的，头重脚轻，连抬手的力气也没有。后来，有一个老道士告诉人们：只要在立春那天吃几块萝卜，病情就消除了。

立春那天，大家吃了萝卜后，果然全都好了。从此，人们每年都在立春这天吃几块萝卜，以求平安，逐渐形成了“咬春”的习俗，并持续至今。

dǎ chūn
打 春

*

cóng zhōu cháo kāi shǐ, měi nián lì chūn zhī shí, guān fǔ dōu yào jǔ
从周朝开始，每年立春之时，官府都要举
xíng lóng zhòng de yíng chūn jì diǎn
行隆重的迎春祭典。

dāng dì guān yuán zhǔ chí yí shì shí, shǒu xiān lìng rén shǒu chí cǎi biān
当地官员主持仪式时，首先令人手持彩鞭
chōu dǎ yòng ní tǔ zuò chéng de chūn niú, suí hòu, qí tā guān yuán
抽打用泥土做成的“春牛”，随后，其他官员
hé zài chǎng de rén, yě yī cì shàng qián chōu dǎ sān biān
和在场的人，也依次上前抽打三鞭。

jì diǎn jié shù hòu, nóng mín men biàn fēn fēn cóng chūn niú shēn
祭典结束后，农民们便纷纷从“春牛”身
shàng wā xià ní tǔ dài huí jiā zhōng, dàng zuò wǔ gǔ fēng dēng liù
上挖下泥土带回家中，当作“五谷丰登”“六
chù xīng wàng de hǎo zhào tou
畜兴旺”的好兆头。

雨水

[节气知识]

雨水，在每年公历2月18日至20日之间。进入雨水节气，意味着进入了气象意义上的春天。此时气温回升、冰雪融化，不仅开始降雨，而且雨量也逐渐增多，但多以小雨或毛毛细雨为主。雨水节气后，我国北方依然很寒冷，一些地方甚至仍然下着大雪；但在南方，人们则明显感受到春回大地、春暖花开，沁人心脾的气息萦绕在天地间。

雨水节气后，河水逐渐解冻，水獭开始在

河里捕鱼了。水獭捕捉到鱼后喜欢把鱼整齐地排列在岸边展示，似乎要祭拜后再享用。随着气温逐渐回升，在南方过冬的大雁也飞回北方，准备开始新一年的生活。各种花草树木也开始焕发生机，抽出嫩芽，呈现出一派欣欣向荣的景象。

雨水三候

一候獭祭鱼；
二候候雁北；
三候草木萌动。

[节气故事]

龙须饼

*

相传，武则天登基后，玉皇大帝勃然大怒，给龙王下旨：三年内不能降雨。龙王看到人间因为没有雨水而变得民不聊生后，十分怜悯人间的百姓，于是冒险为人间降下了一场大雨。

玉皇大帝得知此事后十分生气，把龙王压在了一座大山下面。百姓为了纪念龙王，便在雨水时节吃形状像龙须的饼，后来这种饼渐渐成了北方著名的特色小吃。

拉保保

*

在四川西部，雨水节气的习俗非常特别，叫“拉保保”（保保是干爹的意思）。雨水节拉保保，有“雨露滋润易生长”之意，可以让孩子健康顺利地成长。

雨水节这天，父母们会带着自己的孩子在人群中穿来穿去，为孩子选择一个合适的干爹。如果孩子身体瘦弱，那么就在人群中拉一个身体强壮的人做干爹；如果希望孩子长大后有学识，可以拉一个文人做干爹。被拉的人认为这是别人信任自己，所以都会爽快地答应。

惊蛰

[节气知识]

惊蛰，在每年公历3月5日或6日。动物和昆虫冬天藏眠于土中，不饮不食，称为“蛰”。惊蛰后，天气明显回暖，降雨充足，春雷频频。蛰藏在地底下冬眠的各种动物和昆虫被阵阵春雷惊醒了，都开始出来活动、觅食。同时，随着气温不断回升，雨水也越来越充沛，万物生机盎然，此时正是万物生长的好时机，该种的农作物也都开始耕种了。

惊蛰这一天，桃花盛开，黄鹂鸟（别名

“仓庚”）开始鸣叫，向同伴求偶。此时，鹰的喙（嘴）还比较柔软，不够坚硬和锋利，因此不能捕食，只能眼巴巴地看着猎物，像鸠鸟(古人称布谷鸟为鸠)一样鸣叫。

惊蛰三候

一候桃始华；
二候仓庚鸣；
三候鹰化为鸠。

jì bái hǔ

祭白虎

*

mín jiān chuán shuō lǐ， bái hǔ shì shǒu hù yì fāng de shén shòu， tóng
民间传说里，白虎是守护一方的神兽，同
shí yě zhǎng guǎn zhe kǒu shé shì fēi。 tā yì zhí shì zhāng zhe dà zuǐ、 miàn
时也掌管着口舌是非。它一直是张着大嘴、面
lù xiōng guāng de xíng xiàng。
露凶光的形象。

zài jīng zhé zhè yì tiān， bái hǔ huì dào chù zǒu dòng， rú guǒ yǒu
在惊蛰这一天，白虎会到处走动，如果有
rén bù xiǎo xīn dé zuì le tā， zhè yì nián dōu huì bèi xiǎo rén suí yì tiǎo
人不小心得罪了它，这一年都会被小人随意挑
bō、 luàn jiā yì lùn， yì nián dào tóu dōu dǎo méi bú shùn。 yīn cǐ rén
拨、乱加议论，一年到头都倒霉不顺。因此人
men wèi le zì bǎo， huì zài jīng zhé nà tiān jì bái hǔ， ràng tā bù néng
们为了自保，会在惊蛰那天祭白虎，让它不能
zhāng kǒu shāng rén。
张口伤人。

惊蛰吃梨

*

明朝时，山西有一位叫渠济的商人，他带着儿子四处卖梨，由于经营有道，富甲一方。到了清代，渠济的后人渠百川准备去外地经商，他父亲就拿梨给他吃，并对他说：“先祖贩梨创业，非常艰辛。今天是惊蛰，你外出经商，吃梨是让你不忘先祖，艰苦创业，努力光宗耀祖。”

后来，其他经商的人也开始效仿吃梨，于是在惊蛰吃梨就有了“离家创业”“光宗耀祖”的含义。

春分

[节气知识]

春分，在每年公历3月20日或21日，在古代又称为“日中”“日夜分”。到了春分，就说明为期90天的春天已经过去一半，而且从这一天开始，白天与黑夜的时间平分，各为12小时，所以称为“春分”。春分一到，气候开始慢慢温和，雨水也逐渐丰沛，中国大部分地区正是农作物播种的最好时机。

春分后，大地开始变得温暖，气温逐渐回升，在南方过冬的**燕子**(古时别名玄鸟、元鸟)

yòu fēi huí běi fāng, xián cǎo ní zhù cháo
又飞回北方，衔草泥筑巢

ān jiā, kāi shǐ xīn yì nián de shēng
安家，开始新一年的生

huó. tóng shí yóu yú tiān qì zhuǎn nuǎn,
活。同时由于天气转暖，

yǔ shuǐ zēng duō, kōng qì yě yuè lái yuè
雨水增多，空气也越来越

cháo shī, xià yǔ shí cháng cháng bàn suí zhe
潮湿，下雨时常常伴随着

léi míng hé shǎn diàn.
雷鸣和闪电。

chūn fēn sān hòu
春分三候

yī hòu xuán niǎo zhì
一候玄鸟至；

èr hòu léi nǎi fā shēng
二候雷乃发声；

sān hòu shǐ diàn
三候始电。

[节气故事]

春分拜日

*

很久以前，人们把五谷种在地里，一天一天地期盼着，但一直没有收成。炎帝去问上天，上天说，那是因为太阳躲起来了，五谷得不到充足的阳光，因此长不出花、结不出果。

为了人类，炎帝飞越了万里大海，克服了重重困难，终于找到了太阳，把它挂在天上。从此大地上五谷丰登、万民安乐。

人们十分感谢炎帝的付出，于是每年到了春分这一天，便会向太阳祭拜。

chūn fēn lì dàn
春分立蛋

*

chūn fēn zhè yì tiān zuì róng yì bǎ jī dàn lì qǐ lái zài sì qiān
春分这一天最容易把鸡蛋立起来，在四千
nián qián zhōng guó jiù yǒu le zài chūn fēn shí lì jī dàn de xí sú
年前，中国就有了在春分时立鸡蛋的习俗。

lì dàn zài mín jiān hái yǒu mǎ shàng tiān dīng de yì si bāo hán
立蛋在民间还有“马上添丁”的意思，包含
zhe rén men qí dǎo rén dīng xīng wàng shì dài xiāng chuán de měi hǎo yuàn wàng suǒ
着人们祈祷人丁兴旺、世代相传的美好愿望。所
yǐ měi nián zhè tiān dà jiā còu zài yì qǐ qìng zhù chūn tiān de dào lái yì
以每年这天，大家凑在一起庆祝春天的到来，一
qǐ wán lì jī dàn de yóu xì shuí rú guǒ jiāng jī dàn lì qǐ lái jiù dài
起玩立鸡蛋的游戏，谁如果将鸡蛋立起来，就代
biǎo zhè yì nián yào jiāo hǎo yùn huì dé dào dà jiā de zhù hè
表这一年要交好运，会得到大家的祝贺。

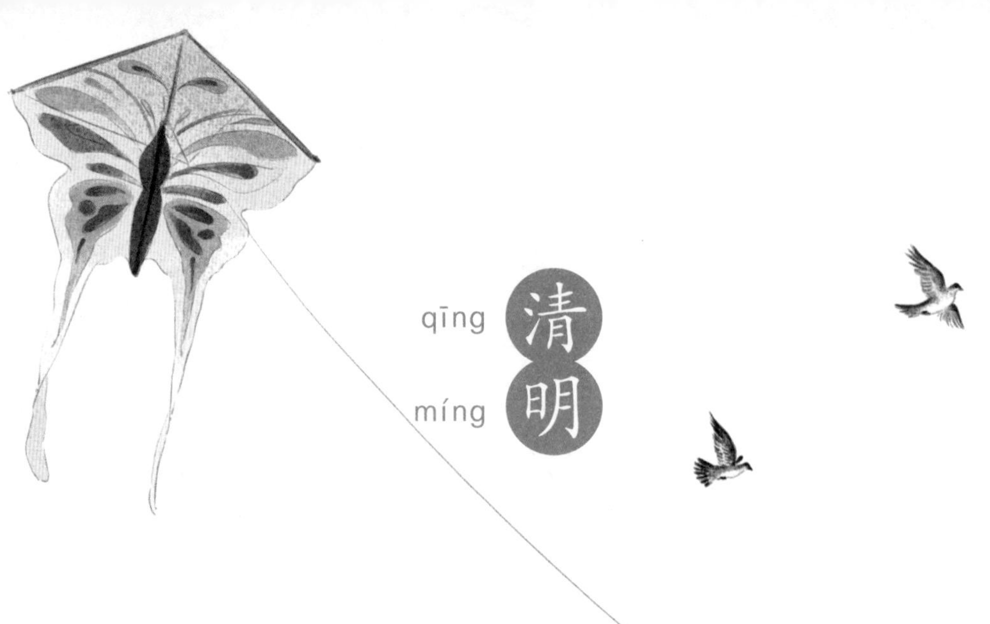

清明

[节气知识]

清明，每年公历4月4日至6日之间，以4月5日居多。清明不仅是二十四节气之一，还是中华民族最隆重盛大的传统祭祖节日。清明时节，我国大部分地区已经明显回暖，阳光明媚，草木萌发，草长莺飞，油菜花香，杨柳泛青，百花盛开，正是野外郊游的好时节，因此，清明节又被称为踏青节。

清明时节，正是梧桐树开花的好时候，许多不同种类的鸟儿都喜欢栖居在梧桐树上，好不热闹。田鼠是喜欢待在阴凉环境的动物，清明后，随着气温逐渐升高，田鼠都躲回地下洞穴去了，而喜欢阳光与温暖的各种小鸟，也开始出来频繁活动。清明节后，雨后的天空可以看见五彩缤纷的彩虹了。

清明三候

一候桐始华；
二候田鼠化为鴽；
三候虹始见。

清明节的由来

*

清明节，又称寒食节。

春秋时期，晋国有一个叫重耳的公子流亡于民间，大臣介子推始终追随其左右，不离不弃，甚至割自己大腿上的肉给他充饥。后来重耳当上了国君，想请介子推做官，但介子推却和母亲躲起来隐居在绵山上。

重耳为了逼介子推下山，就让人放火烧山。等火灭后，人们才发现介子推和他的母亲被烧死在一棵树下。重耳为了纪念他，便下令在这一天不能生火吃热食。

qīng míng chī qīng tuán

清明吃青团

*

chuán shuō yǒu yì nián qīng míng jié tài píng tiān guó de dà jiàng chén tài píng bèi qīng bīng zhuī bǔ qíng jí zhī xià tā cáng dào le yí piàn nóng tián lǐ yí wèi nóng mín bāng zhù tā duǒ guò le zhuī bǔ

传说有一年清明节，太平天国的大将陈太平被清兵追捕，情急之下他藏到了一片农田里，一位农民帮助他躲过了追捕。

miàn duì qīng bīng de yán mì pán chá cōng míng de nóng mín bǎ ài cǎo zhī róu jìn nuò mǐ fěn nèi zuò chéng le yí gè gè qīng sè de mǐ tuán zi rán hòu jiāng mǐ tuán zi fàng zài qīng cǎo lǐ hùn guò le cūn kǒu de jiǎn chá bǎ shí wù dài gěi le chén tài píng

面对清兵的严密盘查，聪明的农民把艾草汁揉进糯米粉内，做成了一个个青色的米团子，然后将米团子放在青草里，混过了村口的检查，把食物带给了陈太平。

chén tài píng chī dào rú cǐ měi wèi de shí wù zài táo huí jūn yíng hòu jiù jiāng zhè zhǒng zuò fǎ jiāo gěi le jiàng shì men cóng cǐ qīng míng jié chī qīng tuán de xí sú biàn liú chuán kāi lái

陈太平吃到如此美味的食物，在逃回军营后就将这种做法教给了将士们，从此清明节吃青团的习俗便流传开来。

谷雨

[节气知识]

谷雨，在每年公历4月19日至21日之间，是春季的最后一个节气。谷雨，也就是播谷降雨的意思。在谷雨时节，寒冷的天气基本结束，气温回升加快，空气湿度加大，雨水不断增多，非常有利于谷类作物的生长。人们也有在谷雨时节走亲串门、品谷雨茶的习俗。

谷雨节气后降雨量增多，水藻类植物（如浮萍）开始迅速生长，一片繁荣。树林里的布

谷鸟奋力地振动翅膀飞行，不断地鸣叫，似乎是在提醒人们该开始播种了。有一种叫戴胜的鸟儿，它的头顶上生有冠状的羽毛，称为胜毛，每到谷雨时节，戴胜鸟就开始在桑树上筑巢。

谷雨三候

一候萍始生；
二候鸣鸠拂其羽；
三候戴胜降于桑。

[节气故事]

谷雨的由来

*

传说黄帝有一个史官，叫仓颉。他凭借结绳记事，把国家大事都记得清清楚楚。但是仓颉后来发现，结绳记事并不能完全记住所有事情。于是，他就四处观察各种事物，把看到的事物都按其形态特征表示出来，创造了“象形文字”。

仓颉造字有功，感动了上天，天帝便下令打开天宫的粮仓，下了一场谷子雨。人们为了感谢仓颉，便在谷雨那天祭拜他。

gǔ yǔ jiù mǔ dān

谷雨救牡丹

*

xiāng chuán yí wèi jiào gǔ yǔ de nián qīng rén zài fā dà shuǐ de shí hou
相传一位叫谷雨的年轻人在发大水的时候
jiù le yì zhū mǔ dān huā bìng zāi péi zài jiā lǐ jǐ nián hòu gǔ
救了一株牡丹花，并栽培在家里。几年后，谷
yǔ de mǔ qīn bìng zhòng mǔ dān huā jìng rán huà shēn wéi yí wèi gū niang
雨的母亲病重，牡丹花竟然化身为一位姑娘，
měi tiān bāng gǔ yǔ zhào gù mǔ qīn
每天帮谷雨照顾母亲。

méi guò duō jiǔ dāng dì yí wèi xiāng shēn xiǎng yòng mǔ dān děng huā de
没过多久，当地一位乡绅想用牡丹等花的
huā ruǐ zuò yào jiǔ jiāng zhòng huā xiān qiú jìn le qǐ lái gǔ yǔ zhàn shèng
花蕊做药酒，将众花仙囚禁了起来。谷雨战胜
xiāng shēn jiù chū le zhòng huā xiān què bèi àn jiàn shè zhòng shēn wáng
乡绅，救出了众花仙，却被暗箭射中身亡。

bào zhe gǔ yǔ de shī tǐ mǔ dān gū niang qì bù chéng shēng
抱着谷雨的尸体，牡丹姑娘泣不成声。
cóng cǐ gǔ yǔ qù shì de nà tiān tiān shàng xià yǔ dì shàng mǔ dān kāi
从此谷雨去世的那天，天上下雨，地上牡丹开
fàng yǐ cǐ jì niàn gǔ yǔ
放，以此纪念谷雨。

xià
夏

走过了春的旖旎（形容景物柔美、婀娜多姿的样子），迎来了夏的蓬勃。二十四节气里属于夏季的有立夏、小满、芒种、夏至、小暑和大暑。

立夏

xià tiān shì shēng zhǎng de jì jié dào le lì xià shí jié
夏天是生长的季节。到了立夏时节，
zhí wù zhú jiàn zhī fán yè mào suí zhe qì wēn bú duàn shàng shēng
植物逐渐枝繁叶茂，随着气温不断上升，
chán míng shēng yě cǐ qǐ bǐ fú zhèng shì yòu shì cán chūn jiāng
蝉鸣声也此起彼伏，正是“又是残春将
lì xià rú hé dào chù bù yīng tí
立夏，如何到处不莺啼”。

小满

lì xià guò hòu biàn shì xiǎo mǎn le sú huà shuō xiǎo
立夏过后，便是小满了。俗话说“小
mǎn mǎn jiāng hé cǐ shí yǔ shuǐ chōng yíng wàn wù hù xiāng zhuī
满满江河”，此时雨水充盈，万物互相追
gǎn zhe shēng zhǎng yí pài xīn xīn xiàng róng de jǐng xiàng xiǎo mǎn de
赶着生长，一派欣欣向荣的景象。小满的
dào lái shì chōng jǐng yě shì děng dài
到来，是憧憬，也是等待。

芒种

suí zhe yǔ shuǐ bú duàn de jiāo guàn zhuǎn yǎn jiù dào le máng
随着雨水不断地浇灌，转眼就到了芒
zhòng máng zhòng jí máng zhòng yì wèi zhe nóng mín bó bo
种。芒种即“忙种”，意味着农民伯伯
kāi shǐ le máng lù de tián yě láo zuò shēng huó chú hé rì dāng
开始了忙碌的田野劳作生活。“锄禾日当
wǔ hàn dī hé xià tǔ xiǎo péng you men kě yào zhēn xī měi yí
午，汗滴禾下土。”小朋友们可要珍惜每一
lì lái zhī bú yì de liáng shi o
粒来之不易的粮食哦！

夏至

dào le xià zhì xiǎo péng you men pàn wàng de shǔ jià yě jiù
到了夏至，小朋友们盼望的暑假也就
lái le děng dào zhè shí bà ba mā ma jiù kě yǐ dài zhe wǒ
来了。等到这时，爸爸妈妈就可以带着我
men yóu lǎn zǔ guó de dà hǎo hé shān kàn hú shuǐ mǎn yì bái
们游览祖国的大好河山，看湖水满溢、白
lù piān piān tīng hú pàn xī xì míng wā chù chù
鹭翩翩；听湖畔嬉戏、鸣蛙处处。

小暑

jiē tiān lián yè wú qióng bì yìng rì hé huā bié yàng
“接天莲叶无穷碧，映日荷花别样
hóng xiǎo shǔ shì shǎng hé de hǎo shí jié chūn hóng luò jìn
红。”小暑是赏荷的好时节。春红落尽，
xià mù chéng yīn zhǐ yǒu hé huā zài jiāo yáng de zhào shè xià yī
夏木成荫，只有荷花在骄阳的照射下，依
rán wú bǐ yào yǎn
然无比耀眼。

大暑

xià tiān de zuì hòu yí gè jié qì dà shǔ shì yì nián
夏天的最后一个节气“大暑”，是一年
zhōng zuì rè de shí hou xiǎo péng you zài wài yóu wán de shí hou yí
中最热的时候。小朋友在外游玩的时候一
dìng yào zhù yì fáng shǔ fáng shài o tóng shí yě yào zhì bàn wén jù
定要注意防暑防晒哦，同时也要置办文具
zhǔn bèi kāi shǐ xīn xué nián de xué xí le
准备开始新学年的学习了。

立夏

[节气知识]

立夏，在每年公历5月5日至7日之间。立夏，意味着春天结束，夏天自此开始。在古代，人们都非常重视“立夏”的礼俗，要在立夏这天举行“迎夏”仪式，祈求丰收。立夏后，气温越来越高，白天也越来越长，酷暑将临，雷雨增多。立夏是农作物进入生长旺季的一个重要节气。

立夏时节，随着气温升高，正是各种昆虫繁殖的好时机，因而渐渐地就会在田地间听到蝼蝈此起彼伏的鸣叫声；蚯蚓也开始在泥土

zhōng huó dòng lì xià hòu yǔ shuǐ yě yuè lái yuè chōng pèi
中活动。立夏后，雨水也越来越充沛，

gēng shì guā téng lèi zhí wù xùn sù shēng zhǎng de hǎo shí jié wáng
更是瓜藤类植物迅速生长的好时节，王

guā de téng wàn yě kāi shǐ kuài sù de pān pá shēng zhǎng
瓜的藤蔓也开始快速地攀爬生长。

lì xià sān hòu
立夏三候

yī hòu lóu guō míng
一候蝼蝈鸣；

èr hòu qiū yǐn chū
二候蚯蚓出；

sān hòu wáng guā shēng
三候王瓜生。

[节气故事]

迎夏祭祖

*

远在周朝时期，天子和大臣会在立夏的时候，到南郊举行迎接夏天的仪式。礼毕，主管山林田野的官吏会代天子巡视田地平原，慰劳农民。

农民们在立夏也会用新收获的果实供奉先祖，祭拜神灵，以此表示对先祖和神灵们的尊敬，祈求来年能够获得丰收。

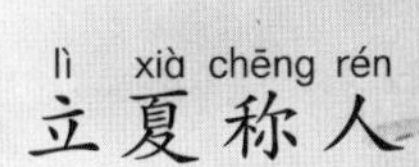

lì xià chēng rén
立夏称人

*

zhū yuán zhāng shǒu xià yǒu yì míng jiào cháng yù chūn de dà jiàng zài
朱元璋手下有一名叫常遇春的大将，在
yí cì zhàn dòu zhōng bèi huó zhuō guān jìn le jiān láo zhū yuán zhāng wèi le bú
一次战斗中被活捉关进了监牢。朱元璋为了不
ràng tā zài láo fáng lǐ shòu zuì mǎi tōng le kān guǎn láo fáng de láo tóu
让他在牢房里受罪，买通了看管牢房的牢头。
láo tóu bù gǎn dé zuì zhū yuán zhāng wèi le zhèng míng cháng yù chūn zài láo lǐ
牢头不敢得罪朱元璋，为了证明常遇春在牢里
méi yǒu shòu zuì zài lì xià nà tiān chēng le yí xià cháng yù chūn de tǐ
没有受罪，在立夏那天，称了一下常遇春的体
zhòng yòu gěi tā hǎo jiǔ hǎo ròu chī rèn wéi zhǐ yào méi shòu jiù shuō míng
重，又给他好酒好肉吃，认为只要没瘦就说明
tā zài láo lǐ méi yǒu zāo zuì
他在牢里没有遭罪。

zhū yuán zhāng jiù chū cháng yù chūn hòu gāo xìng de shǎng cì le láo
朱元璋救出常遇春后，高兴地赏赐了牢
tóu hòu lái lì xià chēng rén de xí sú biàn liú chuán le xià lái
头。后来，“立夏称人”的习俗便流传了下来。

小满

[节气知识]

小满，在每年公历5月20日至22日之间。在我国的北方地区，麦类等夏熟作物的籽粒虽然已经开始变得饱满，但还没有成熟，所以叫小满。小满前后，全国各地区都渐渐进入了气象意义上的夏季，同时也意味着进入了大幅度降水的雨季，此时高温、高湿、多雨，狂风、雷电频繁。

苦菜在小满时节开花，呈现出秀丽的景色，缤纷夺目。苦菜是一种可食用的植物，也是古人最早食用的野菜之一，虽然味苦，但是有抗菌、清热、解毒、明目的作用。随着气温升高，田地间的各种枝多叶细的杂草，因为阳光的暴晒，不断地枯萎死去。小满过后，盛夏就要来了，麦子也到了快要收获的季节。

小满三候

一候苦菜秀；
二候靡草死；
三候麦秋至。

[节气故事]

xiǎo mǎn jì cán
小满祭蚕

*

cóng qián yǒu yí wèi fù qīn zài yuǎn fāng yīn shēng bìng huí bù liǎo jiā
从前有一位父亲在远方因生病回不了家，
tā de nǚ ér dān xīn fù qīn biàn duì bái mǎ shuō rú guǒ nǐ néng bǎ
他的女儿担心父亲，便对白马说：“如果你能把
wǒ fù qīn dài huí lái wǒ jiù jià gěi nǐ méi guò jǐ tiān bái mǎ
我父亲带回来，我就嫁给你。”没过几天，白马
jìng rán zhēn de bǎ tā de fù qīn dài le huí lái bú guò fù qīn bù xiǎng
竟然真的把她的父亲带了回来。不过父亲不想
ràng nǚ ér jià gěi bái mǎ biàn bǎ bái mǎ zǎi shā diào bǎ mǎ pí guà
让女儿嫁给白马，便把白马宰杀掉，把马皮挂
shài zài yuàn zi lǐ
晒在院子里。

xiǎo mǎn zhè tiān mǎ pí tū rán fēi qǐ lái xiàng fēng yí yàng
小满这天，马皮突然飞起来，像风一样
bǎ gū niang juǎn zǒu bǎ tā dài dào yí gè dào chù dōu shì sāng shù de dì
把姑娘卷走，把她带到一个到处都是桑树的地
fang gū niang biàn chéng le cán tā měi cì sī niàn jiā xiāng hé fù qīn
方。姑娘变成了蚕，她每次思念家乡和父亲，
dū huì cóng kǒu lǐ tǔ chū cháng sī zhè yí mù bèi rén men kàn jiàn
都会从口里吐出长丝。这一幕被人们看见
le dà jiā dōu jiào tā cán shén gū niang
了，大家都叫她“蚕神姑娘”。

hòu lái mín jiān jiù yǒu le zài xiǎo mǎn zhè tiān jì cán de
后来，民间就有了在小满这天祭蚕的
xí sú
习俗。

尝新麦

*

在春秋时期，晋景公梦见有鬼魂骂他。醒来后，他便召来桑田巫解梦，解梦的结果是他活不到吃新麦的时候了。

后来到了麦子成熟时，晋景公命人将新麦做成麦食，同时召见桑田巫，想当着他的面吃麦食，以证明他解梦有误。

但晋景公正要吃麦食时，肚子突然痛了起来，只好去上厕所，结果掉进粪池里淹死了。

芒种

[节气知识]

芒种，在每年公历6月5日至7日之间。芒，是指麦类等有芒植物的收获；种，是指谷黍类作物的播种。“芒种”与“忙种”谐音，因此，民间也称“忙着种”，预示农民开始了忙碌的田间劳作。芒种后，雨量充沛，气温显著升高。夏熟的作物要收获，夏播秋收的作物要下地，春种的庄稼要管理，是农民一年中最繁忙的时候。

螳螂通常是在上一年的深秋产卵，直到

当年芒种时节，小螳螂才会破壳而出。伯劳鸟(古时称为䴗)是一种小型的猛禽，芒种后，它出现在枝头，开始鸣叫。反舌鸟是一种能够学习其他鸟类鸣叫的鸟，它一般在春季开始鸣叫，在芒种后因为感受到了气候的变化，所以停止了鸣叫。

芒种三候

一候螳螂生；
二候䴗始鸣；
三候反舌无声。

[节气故事]

烧艾草

*

艾草是我国南方地区普遍生长的一种植物，具有驱赶蚊虫的作用。芒种时节，正是各种细菌、蚊虫滋生的时候，人们会把艾草从田里割回来，然后摆放在自家门口，还有些人会把艾草晒干，然后点燃，在屋子里转上一圈，驱赶蚊虫。于是芒种时节便有了“烧艾草”的习俗。

guān gōng chú è lóng
关公除恶龙

*

xiāng chuán guān yǔ chéng wéi shén xiān hòu bǎo yòu
相传，关羽成为神仙后，保佑
rén jiān fēng tiáo yǔ shùn rén men wèi le biǎo dá gǎn jī zhī
人间风调雨顺。人们为了表达感激之
qíng jiàn le xǔ duō guān dì miào wéi qí gòng fèng xiāng huǒ nán hǎi
情，建了许多关帝庙，为其供奉香火。南海
è lóng kàn dào wàng shèng de xiāng huǒ hòu xīn shēng jí dù chèn zhe guān
恶龙看到旺盛的香火后，心生嫉妒，趁着关
gōng wài chū jiāng jiāng hé xī liú xī jìn dǎo zhì rén jiān de zhuāng jia
公外出，将江河溪流吸尽，导致人间的庄稼
dōu kū wěi le
都枯萎了。

guān gōng huí lái hòu shí fēn fèn nù jué dìng nóng lì wǔ yuè shí sān
关公回来后十分愤怒，决定农历五月十三
rì chū zhēng xiáng lóng chū zhēng qián tā zài nán tiān mén wài mó dāo mó
日出征降龙。出征前他在南天门外磨刀，磨
dāo shuǐ xíng chéng jiàng yǔ mó dāo shēng huà wéi léi shēng guān gōng qín zhù
刀水形成降雨，磨刀声化为雷声。关公擒住
è lóng hòu shǐ qí tù chū fù zhōng de shuǐ huǎn jiě le hàn qíng
恶龙后，使其吐出腹中的水，缓解了旱情。

夏至

[节气知识]

夏至，在每年公历6月21日至22日之间，以6月22日居多。夏至和春分一样，是反映日照时长的节气。夏至是一年里太阳最偏北的一天，是我国所在的北半球白天最长、夜晚最短的一天。夏至之后，太阳虽开始向南回移，但热量还在积累，气温也不断升高，至七八月达到顶峰，因此夏至意味着炎热将至。

每到夏至前后，小鹿头上的角都在这时老化、脱落，以便来年春天长出更加结实的新

jiǎo xióng xìng chán jīng guò qī nián de
角。雄性蝉经过七年的
shēng zhǎng fā yù zhōng yú chéng shú zài xià zhì
生长发育终于成熟，在夏至
hòu kāi shǐ míng jiào xī yǐn cí xìng chán yì zhǒng jiào
后开始鸣叫，吸引雌性蝉。一种叫
zuò bàn xià de zhí wù zài shuǐ lǐ tàn chū le tóu bú duàn
作半夏的植物在水里探出了头，不断
de xī shōu shuǐ fèn hé yíng yǎng liǎng gè yuè zhī hòu chéng
地吸收水分和营养，两个月之后成
zhǎng wéi kě yǐ zhì bìng de yào cǎo
长为可以治病的药草。

xià zhì sān hòu
夏至三候

yī hòu lù jiǎo jiě
一候鹿角解；
èr hòu chán shǐ míng
二候蝉始鸣；
sān hòu bàn xià shēng
三候半夏生。

[节气故事]

巧姐儿成仙

*

很久以前，有个姑娘叫巧姐儿，她的婆家让她在**回门**（指女子出嫁后首次回娘家探亲）当天做好十双鞋、十双袜和十个荷包。巧姐儿不停地赶工，但还各差三份，她急得哭了起来。到夏至这天，一个老奶奶突然出现，抽走了她手里的红线，向空中一抛，太阳被红线拴住从西边拉了回来。傍晚变回下午，巧姐儿得以按时将东西上交，心灵手巧的巧姐儿也被红线带到了天上变成了仙女。

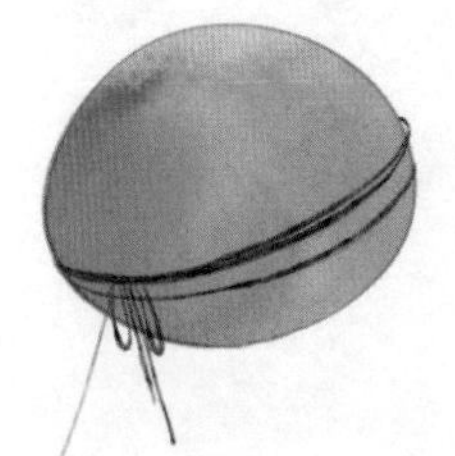

竹夫人

*

苏东坡调侃佛印（宋代的僧人）：“你有妻子没？”佛印笑答：“有，两个。”苏东坡大惊，佛印笑着解释：“我夏天拥抱‘竹夫人’，冬日怀揣‘汤婆子’，可不是两个妻子？”苏东坡听后大笑。

佛印说的“竹夫人”，其实是一种用竹篾编成的圆柱形物，因为夏至之后越来越热，古代的人们便制作出“竹夫人”，用它来取凉。

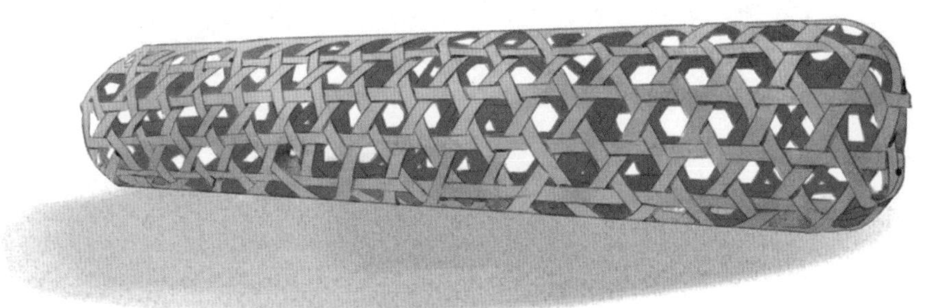

小暑

[节气知识]

小暑，在每年公历7月6日至8日之间，以7月7日居多。暑，是炎热的意思，小暑，指天气开始变得炎热，但还没到最热的时候。小暑标志着盛夏时节的正式开始，同时也标志着江淮流域的梅雨即将结束，气温升高；而华北、东北地区开始进入多暴雨期。

小暑后，大地上便不再有一丝凉风，所有的风中都带着热浪。这样的天气让人人都感到燥热，就连小动物们也不能忍受。蟋蟀们开始

jǔ jiā bān qiān lí kāi tā men shēng huó
举家搬迁，离开它们生活
de tián yě lái dào le kě yǐ zhē yáng
的田野，来到了可以遮阳
de tíng yuàn dìng jū lǎo yīng men yě yīn
的庭院定居。老鹰们也因
wèi dì miàn de wēn dù shí zai tài gāo ér
为地面的温度实在太高而
xuǎn zé zài qīng liáng de gāo kōng pái huái
选择在清凉的高空徘徊，
chí chí bú yuàn zhuó lù
迟迟不愿着陆。

xiǎo shǔ sān hòu
小暑三候

yī hòu wēn fēng zhì
一候温风至；
èr hòu xī shuài jū bì
二候蟋蟀居壁；
sān hòu yīng shǐ zhì
三候鹰始鸷。

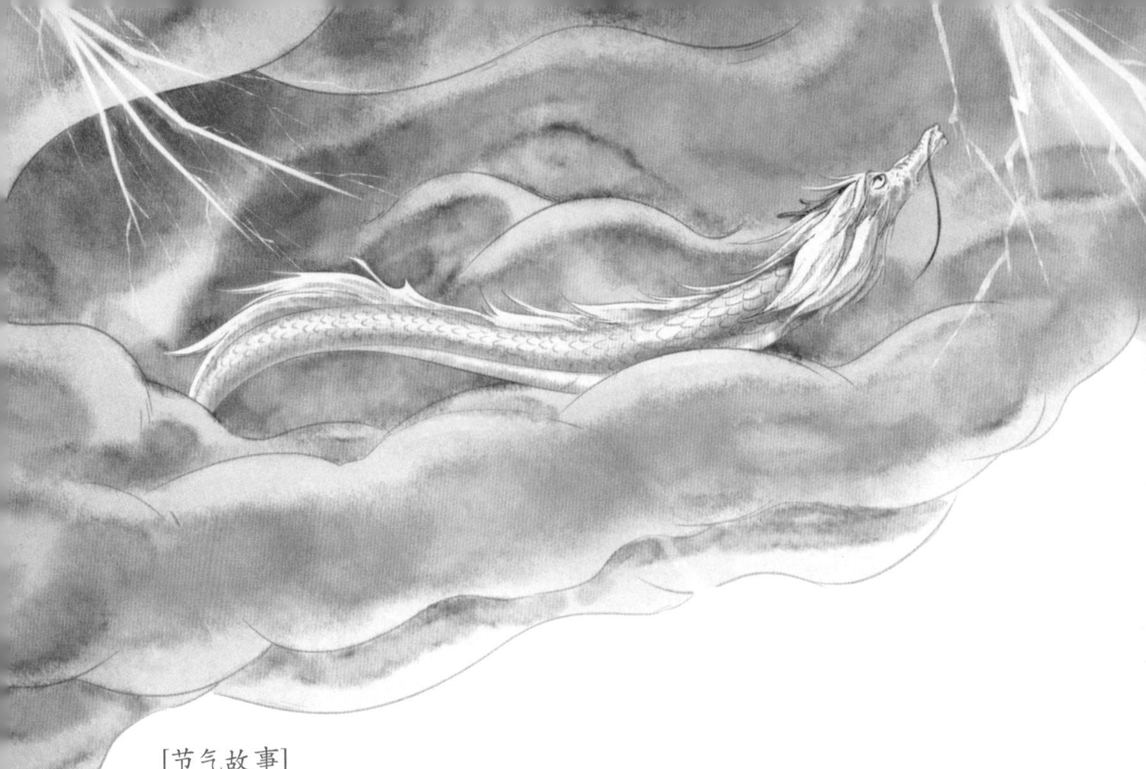

[节气故事]

“小白龙”回家

*

相传小暑这天是“小白龙”回家的日子。“小白龙”因为犯了天条，被龙王囚禁在很远的一个小岛上，哪里都不能去。只有小暑这一天，龙王才恩准他回家探望妈妈。

“小白龙”思母心切，一刻都不想耽搁，所以一路上昼夜兼程，带来了惊雷闪电和狂风暴雨。因此，小暑这天是会打雷下雨的哦。

吃“三宝”

*

在小暑这天，民间有吃“三宝”的习俗，“三宝”指的是绿豆芽、莲藕、黄鳝这三种食物。

绿豆芽有清热解毒、消暑利尿的功效，在夏季食用绿豆芽还有美颜减肥的功效。莲藕含有丰富的营养物质及维生素，具有清热、养血、除烦等功效，非常适合在炎热的夏天食用。有一句俗语叫作“小暑黄鳝赛人参”，指的就是小暑前后的黄鳝是最美味、最有营养、最滋补的。

大暑

[节气知识]

大暑，在每年7月22日至24日之间，以7月22日居多。大暑和小暑一样是反映夏季炎热程度的节气，大暑表示炎热至极，这一天是我国一年中日照最多、气温最高的，也是农作物生长最快的时期。大暑前后，我国长江中下游等地区炎热少雨，而我国华北、东北等地区却是一年中雨水最丰沛、雷阵雨最多的时期。

会发光的萤火虫分水生和陆生两种。陆

shēng yíng huǒ chóng mā ma jiāng hái shì chóng luǎn
生萤火虫妈妈将还是虫卵

de bǎo bao chǎn zài kū cǎo shàng dào le
的宝宝产在枯草上，到了

dà shǔ yíng huǒ chóng bǎo bao jiù huì pò
大暑，萤火虫宝宝就会破

luǎn ér chū huà wéi xiǎo yíng huǒ chóng
卵而出，化为小萤火虫。

gǔ shí hou rén men yǐ wéi shì kū cǎo dào
古时候人们以为是枯草到

le dà shǔ biàn chéng le xiǎo yíng huǒ chóng dà shǔ shí tiān qì shí fēn mēn
了大暑变成了小萤火虫。大暑时天气十分闷

rè lián ní tǔ dōu dà hàn lín lí fēi cháng cháo shī yǔ shén
热，连泥土都“大汗淋漓”，非常潮湿；雨神

bù rěn xīn biàn shí bù shí de xià yì cháng dà yǔ jiǎn shǎo shǔ rè
不忍心，便时不时地下一场大雨，减少暑热。

dà shǔ sān hòu
大暑三候

yī hòu fǔ cǎo wéi yíng
一候腐草为萤；

èr hòu tǔ rùn rù shǔ
二候土润溽暑；

sān hòu dà yǔ shí xíng
三候大雨时行。

[节气故事]

chē yìn náng yíng

车胤囊萤

*

dōng jìn shí, yǒu yí gè rén jiào chē yìn, tā zì yòu cōng yǐng hào
东晋时，有一个人叫车胤，他自幼聪颖好
xué. dàn tā jiā lǐ shí zài tài qióng le, méi qián mǎi yóu dēng gōng tā wǎn
学。但他家里实在太穷了，没钱买油灯供他晚
shang dú shū.
上读书。

yí gè xià tiān de wǎn shang, chē yìn kàn dào huì fā guāng de yíng huǒ
一个夏天的晚上，车胤看到会发光的萤火
chóng, yú shì xiǎng chū le yí gè hǎo bàn fǎ——zhuā yì bǎ yíng huǒ chóng
虫，于是想出了一个好办法——抓一把萤火虫
fàng zài báo bù kǒu dai lǐ diào qǐ lái dàng zuò dēng yòng. dà shǔ qián hòu,
放在薄布口袋里吊起来当作灯用。大暑前后，
zhèng shì yíng huǒ chóng dà liàng fán yǎn de shí jié. zài yíng huǒ chóng wēi ruò de
正是萤火虫大量繁衍的时节。在萤火虫微弱的
liàng guāng xià, chē yìn kè kǔ dú shū, zuì zhōng kǎo qǔ gōng míng, chéng wéi
亮光下，车胤刻苦读书，最终考取功名，成为
lì bù shàng shū.
吏部尚书。

zhì qǔ shēng chén gāng
智取“生辰纲”

*

běi sòng shí qī yóu yú zǎi xiàng cài jīng de shēng rì kuài dào le
北宋时期，由于宰相蔡京的生日快到了，
tā de nǚ xu liáng shì jié biàn zhǔn bèi le jià zhí shí wàn guàn de lǐ wù
他的女婿梁世杰便准备了价值十万贯的礼物，
qǔ míng wéi shēng chén gāng pài rén yā sòng gěi cài jīng dàng shòu lǐ
取名为“生辰纲”，派人押送给蔡京当寿礼。

zhè ge xiāo xi bèi hǎo hàn cháo gài hé wú yòng děng rén zhī dao le
这个消息被好汉晁盖和吴用等人知道了，
tā men lì yòng dà shǔ shí jié liè rì yán yán kù shǔ nán dāng de tè
他们利用大暑时节烈日炎炎、酷暑难当的特
diǎn zài jiǔ lǐ chān rù méng hàn yào yòng jì mí dǎo yā sòng shēng chén
点，在酒里掺入蒙汗药，用计迷倒押送“生辰
gāng de jūn hàn jié zǒu le zhè pī lǐ wù
纲”的军汉，劫走了这批礼物。

秋

秋天是一幅色彩浓郁的油画，金黄的落日和火红的枫叶构成了一幅美丽的秋日图。二十四节气中属于秋季的有立秋、处暑、白露、秋分、寒露和霜降。

立秋

qiū tiān shì shōu huò de jì jié lì qiū shí jié nóng zuò
秋天是收获的季节。立秋时节，农作
wù shēng zhǎng wàng shèng jiàn jiàn de jié mǎn le fēng shuò de guǒ
物生长旺盛，渐渐地结满了丰硕的果
shí suǒ wèi yí yè wú tóng yí bào qiū dào huā tián lǐ huà
实。所谓“一叶梧桐一报秋，稻花田里话
fēng shōu nóng mín bó bo zuì kāi xīn de rì zi jiù yào lái le
丰收”，农民伯伯最开心的日子就要来了。

处暑

jí fēng qū jí yǔ cán shǔ sǎo chú kōng chǔ shǔ shí
“疾风驱急雨，残暑扫除空。”处暑时
jié dà fēng dài zhe dà yǔ qián lái jiāng cán liú de rè qì yì
节，大风带着大雨前来，将残留的热气一
sǎo ér kōng tiān qì shùn jiān jiù biàn de liáng shuǎng qǐ lái cǐ shí
扫而空，天气瞬间就变得凉爽起来。此时
zhèng shì chàng yóu jiāo yě yíng qiū shǎng jǐng de hǎo shí hou
正是畅游郊野迎秋赏景的好时候。

白露

jiān jiā cāng cāng bái lù wéi shuāng bái lù shí
“蒹葭苍苍，白露为霜。”白露时
jié měi tiān qīng chén yè zi hé huā ruǐ shàng jiù huì yǒu hěn duō de
节，每天清晨叶子和花蕊上就会有很多的
lù zhū hǎo yì fú qiū shuǐ sēn sēn lú wěi cāng cāng lù shuǐ
露珠，好一幅秋水森森、芦苇苍苍、露水
yíng yíng jīng yíng sì shuāng de měi lì huà juàn
盈盈、晶莹似霜的美丽画卷。

秋分

秋分是个美好宜人的时节。秋高气爽，碧空万里，丹桂飘香。我们一边赏景，一边享受着螃蟹的美味，真是好不惬意呀。

寒露

“寒露百草枯”，寒露来临，花草凋谢，只有不畏寒冷的菊花还在为秋天增添一股高洁之气。我们也迎来了登高赏菊的重要节日——重阳节。

秋天的最后一个节气是“霜降”。此时，天气转寒，万物逐渐凋零。秋天即将结束，冬天的脚步临近了。

立秋

[节气知识]

立秋，在每年公历8月7日至9日之间。立秋是秋季的第一个节气，是秋季的起点。立秋后，意味着夏季的多雨湿热逐渐减少，但并不代表着炎热的天气就此结束，初秋的天气仍然很热。立秋在古代是个重大的节日，有祭祀土地神、庆祝丰收等习俗，人们多在立秋这一天吃西瓜，有迎接秋天到来之意。

立秋后，从西边吹来的风已经不再是暑天的热风了，而是逐渐趋于凉爽的凉风。随着气温下降，特别是大雨过后的早晨，大地开始凝结露珠，空气中也开始有雾气了；同时，喜欢凉爽的寒蝉开始鸣叫，这也说明天气真的开始变冷了。

立秋三候

一候凉风至；
二候白露降；
三候寒蝉鸣。

[节气故事]

蓐收

*

传说在远古时期，有一位掌管秋天的神叫作蓐收。蓐收的左耳上盘着一条蛇，寓义繁衍后代、生生不息。如果孕妇在立秋后能梦见蛇，就会生一个漂亮的女儿。

蓐收同时也是一位掌管刑法的神，因此在他的右肩上还扛着一柄巨大的斧头。古时候处决犯人，都是在立秋之后，所以叫作“秋后问斩”。这是因为秋天有肃杀之气，所以每到立秋之后，风中总带有一股凉意。

一叶知秋

*

相传，有一个小女孩在院子里种了一棵梧桐树，遇到荒年，小女孩饿得奄奄一息也不愿以梧桐树皮充饥。梧桐树不忍心看到小女孩饿死，就违反生长规律，在一夜之间长出了很多果子。

天帝知道了这件事，便命令梧桐树在立秋这天由内而外地燃烧。小女孩心痛不已，紧紧地抱住梧桐树。

大火连烧多天后，人们看到一只凤凰从火中飞出，直冲云霄。后来，梧桐成为最先感受到秋意的树，它掉落第一片叶子时，便预示着立秋了。

处暑

[节气知识]

处暑，在每年公历8月22日至24日之间。处，也就是“出”，有“终止、离开”的意思。到了处暑，表示炎热的酷暑即将结束，天气由炎热向闷热转变。处暑后，意味着进入了气象意义上的秋天，提醒人们秋季正在悄悄地到来，但并没有真正进入凉爽的秋季。处暑有吃鸭子、放河灯、开鱼节、煎药茶、祭拜土地公等习俗。

处暑后，天高云淡，是能见度最好的季

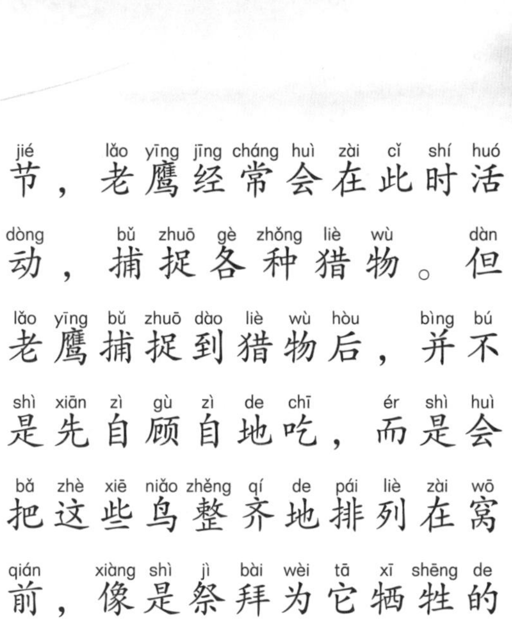

节，老鹰经常会在此时活动，捕捉各种猎物。但老鹰捕捉到猎物后，并不是先自顾自地吃，而是会把这些鸟整齐地排列在窝前，像是祭拜为它牺牲的猎物一样。大地上的各种植物也不再发新芽，万物开始凋零，一派肃穆的景象。而这时，黍、稷、稻、粱等农作物成熟了，等待着农民伯伯们的收割。

处暑三候

一候鹰乃祭鸟；
二候天地始肃；
三候禾乃登。

燃放河灯

*

远古时期，水神共工因嫉妒深受百姓爱戴的火神祝融，向祝融挑战，最后战败逃跑，撞倒了擎天柱——不周山。从此天地塌陷，水向东流，尸横遍野。祝融也因此被处死，但他将自己的魂魄留存于沿河漂流的莲花上，召唤死难者的亡灵，以赎罪孽。

祝融被处死的这天就被称为“处暑”。每到处暑这一天，人们就到河边燃放“河灯”，恭请莲花上的祝融魂魄，以寄托对故去亲人的思念。

guǐ jié

鬼 节

*

xiāng chuán yǒu yí gè jiào lián mù de sēng rén zài lì jīng jiān xīn
相传，有一个叫连目的僧人在历经艰辛
hòu zhōng yú zài chǔ shǔ shí jié jiàn dào le yǐ jīng qù shì de mǔ qīn
后，终于在处暑时节见到了已经去世的母亲，
kě shì mǔ qīn zhèng bèi yì qún è guǐ jiū chán lián mù xiǎng chéng fàn gěi
可是母亲正被一群饿鬼纠缠，连目想盛饭给
mǔ qīn chī dàn fàn cài dōu bèi è guǐ qiǎng zǒu le lián mù zhǐ hǎo xiàng
母亲吃，但饭菜都被饿鬼抢走了。连目只好向
fó zǔ qiú zhù fó zǔ bèi tā de xiào xīn gǎn dòng shòu yǔ tā yú
佛祖求助，佛祖被他的孝心感动，授予他《盂
lán pén jīng lián mù àn zhào zhǐ shì yòng yú lán pén chéng sù cài zhēn
兰盆经》。连目按照指示，用盂兰盆盛素菜珍
guǒ gòng fèng mǔ qīn cái shǐ jī è de mǔ qīn chī dào le shí wù hòu
果供奉母亲，才使饥饿的母亲吃到了食物。后
lái rén men biàn jiāng chǔ shǔ guò hòu de zhè liǎng tiān nóng lì qī yuè shí wǔ
来人们便将处暑过后的这两天（农历七月十五
rì yòng lái jì sì zǔ xiān zhú jiàn xíng chéng le rén men suǒ shuō de
日）用来祭祀祖先，逐渐形成了人们所说的
guǐ jié fó jiào chēng yú lán pén jié
“鬼节”（佛教称“盂兰盆节”）。

白露

[节气知识]

白露，在每年公历9月7日至9日之间。从这一天开始，白天与晚上的温差越来越大，夜晚空气中的水汽接触到地面或草木时，迅速凝结为细小的露珠。这些露珠晶莹剔透，太阳光照在上面发出洁白的光芒，所以被称为“白露”。此时暑气还没有完全消尽，是一年中昼夜温差最大的时候。白露一到，人们迎来作物成熟、瓜果飘香的时节。

敏感的鸟儿已经感受到温度的变化，大雁

开始南飞，燕子也纷纷起程，飞往南方过冬。喜鹊和麻雀不会迁往南方，因为它们是**留鸟**（终年栖息于一个地区而不迁徙的鸟类），会一直留在本地过冬。它们依靠厚厚的羽毛保暖，也会为过冬做必要的准备。虽然冬天里食物少，它们还是能想出各种办法为自己找来食物。

白露三候

一候鸿雁来；

二候玄鸟归；

三候群鸟养羞。

[节气故事]

大禹治水

*

在很久以前，洪水泛滥，人们遭受了很大的灾难。大禹继承父亲的遗志，一心想要将洪水治理好，为了治水他曾三次经过家门而不进去。后来他采取疏通水道的办法，把洪水引入大海里，让百姓不再受洪水侵袭，因此人们都十分感谢他。

后来太湖畔的渔民称大禹为“水路菩萨”，每年白露时节都会举行祭大禹的香会，以此来纪念大禹对百姓的贡献。

吃西瓜

*

相传朱元璋在南京称帝后，他手下的一些将士将癞痢疮(一种头癣，表现为脱发、脓包等症状)带到了南京城。不久，南京城里很多百姓的头上也生了癞痢疮。这时，有人得了一个偏方——让生癞痢疮的孩子每天吃西瓜，后来癞痢疮就消失了。

癞痢疮是不是因为吃了西瓜而消失，人们并不清楚，但他们依旧纷纷效仿，也买了西瓜啃吃起来。时值白露之际，由此形成了“吃西瓜”的习俗，一直流传至今。

秋分

[节气知识]

秋分，在每年公历9月22日至24日之间。在古代，秋分是传统的“祭月节”，中秋节就是由传统的“祭月节”演变而来。秋分居于秋季90天之中，平分了秋季。秋分这天，全球各地昼夜等长。秋分后，我国大部分地区进入了凉爽的秋季，昼夜温差逐渐加大，气温逐日下降。自2018年起，我国将每年秋分设立为“中国农民丰收节”。

秋分后，随着气温逐渐降低，天气越来越

yīn liáng suǒ yǐ bú zài dǎ léi le
阴凉，所以不再打雷了。

yóu yú tiān qì biàn lěng gè zhǒng chóng lèi yě kāi shǐ duǒ cáng yú tǔ xué zhōng yòng xì tǔ (jí pī) jiāng dòng kǒu fēng qǐ lái fáng zhǐ hán qì qīn rù qiū fēn hòu jiàng yǔ zhú jiàn biàn de xī shǎo bìng qiě yóu yú tiān qì gān zào shuǐ fèn zhēng fā kuài suǒ yǐ hé liú yǔ hú pō zhōng de shuǐ liàng jiàn jiàn biàn shǎo yì xiē zhǎo zé hé shuǐ wā shèn zhì gān hé
由于天气变冷，各种虫类也开始躲藏于土穴中，用细土（即坯）将洞口封起来，防止寒气侵入。秋分后，降雨逐渐变得稀少，并且由于天气干燥，水分蒸发快，所以河流与湖泊中的水量渐渐变少，一些沼泽和水洼甚至干涸。

qiū fēn sān hòu
秋分三候

yī hòu léi shǐ shōu shēng
一候雷始收声；

èr hòu zhé chóng pī hù
二候蛰虫坯户；

sān hòu shuǐ shǐ hé
三候水始涸。

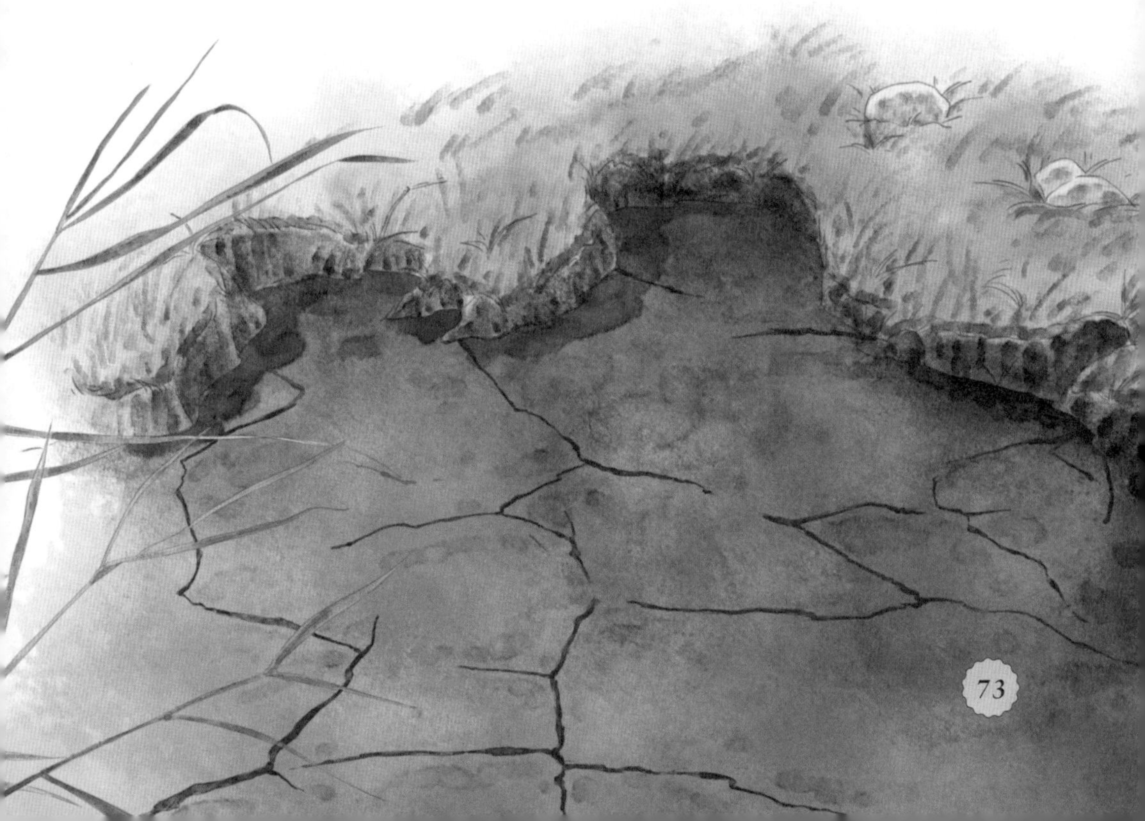

秋分祭月

*

相传，嫦娥偷吃了西王母送给后羿的灵药后，身体逐渐变轻，慢慢地飘向了空中，一直飘到月亮上面才停下来，从此嫦娥只能与月亮上的玉兔为伴。

后来，在秋分这一天，人们会用月饼祭拜月亮，以求全家能够团团圆圆。

是不是听着很像中秋节呢？其实，我们今天熟知的中秋节，实际上就是由秋分的祭月节演变而来的。

吃“秋菜”

*

在我国岭南地区，有秋分当日吃“秋菜”的习俗。“秋菜”是一种野苋菜，嫩绿的、细细的，约有巴掌那样大。每到秋分那天，大家都会去田间采摘“秋菜”，回家后将“秋菜”与鱼一起炖煮，名曰“秋汤”。孩童们更有顺口溜道：“秋汤灌肠，洗涤肝肠。阖家老少，平安健康。”因此，在秋分当日吃“秋菜”，饱含了人们祈求家宅安宁、平安健康的愿望。

寒露

[节气知识]

寒露，在每年公历10月7日至9日之间。寒露之后，昼渐短，夜渐长，日照逐渐减少，热气慢慢退去，同时寒气渐生，昼夜温差较大。因此早晨的露水更多，地面上洁白晶莹的露水快要凝结成霜了，且带寒意，故名寒露。寒露时节，南方秋意渐浓，风凉气爽，干燥少雨；而北方大部分地区已经是深秋或即将进入冬季。

寒露后，随着天气逐渐变冷，北方的鸿雁会在天空中排成“一”字形或“人”字形的队列大举南迁（从白露到寒露，大雁先后飞往南方过冬，早些到达的大雁就像是那里的主人，晚到的大雁会被当成“宾客”对待）。

寒露三候

一候鸿雁来宾；
二候雀入大水为蛤；
三候菊有黄华。

特别是深秋天寒的时候，雀鸟都不见了，古人看到海边突然出现很多蛤蜊，其颜色和条纹与雀鸟非常相似，以为这些蛤蜊是雀鸟变成的。而这时，金黄的菊花盛开，好不繁盛、热闹。

[节气故事]

寒露和荞麦

*

很久以前，一个叫寒露的男子和一个叫荞麦的女子结为夫妻，夫妻俩很恩爱，可是荞麦因病去世了。寒露每逢思念荞麦，就会到坟上哭一场，哭泣的次数多了，坟头便长出了幼苗，寒露因思念妻子，便把这种植物叫作荞麦。

寒露将荞麦的种子撒在田里，任凭其年复一年地生长，可是寒露还是因相思成疾去世了。那年秋旱，所有人都颗粒无收，只有寒露田里的荞麦丰收了，人们依靠荞麦熬过荒年后，便把寒露去世的那天称为“寒露节”。

重阳节

*

农历九月初九的重阳节正逢寒露节气，据说重阳节的起源与东汉时期的桓景密切相关。

东汉时期，汝河有个瘟魔，只要它一出现，家家有人病倒，天天有人丧命，这一带的百姓受尽了瘟魔的蹂躏。于是桓景翻山涉水、不辞劳苦，向神仙请教除掉瘟魔的方法，神仙给了桓景一把降妖青龙剑。

九月初九那天，瘟魔出水走上岸来，桓景抽出宝剑和它斗了几个回合，终于将瘟魔杀死。百姓们感激桓景的贡献，把这一天称作“重阳节”。

霜降

[节气知识]

霜降，在每年公历10月23日前后，是秋季的最后一个节气，是秋季到冬季的过渡。霜降时，早晚天气较冷，中午则较热，气温骤降，温差较大，秋燥明显。由于“霜”是天冷、气温骤降、昼夜温差变化大的表现，故名“霜降”。霜降后，植物渐渐失去生机，深秋景象明显，冷空气来得越来越频繁，大地一片萧索。

随着气温逐渐转凉，豺狼开始四处捕猎。每当豺狼捕获到猎物时，它们总是把猎物放在

地上排好，然后围绕着猎物不停地转圈和嚎叫，等这个过程结束后再开始享用，仿佛在祭天一样。这时的各种草木，也已渐渐枯黄、掉落。早已躲藏在地底下的蛰虫们，开始在洞中不动不食，进入休眠的状态，准备度过漫长的冬季。

霜降三候

一候豺乃祭兽；
二候草木黄落；
三候蛰虫咸俯。

[节气故事]

飞霜青女

*

相传，一位掌管霜雪的女神——青女（砍桂树的吴刚的妹妹吴洁）下凡来到了人间，她站在青要山的最高峰上，手抚一把七弦琴，琴音徐出，雪花慢慢地随着颤动的琴弦飘然而下。

雪花洒在大地上，天空和大地一起白了头。霜冻雪封，雪花掩埋了世间的一切，所以人们把这一天称为“霜降”。

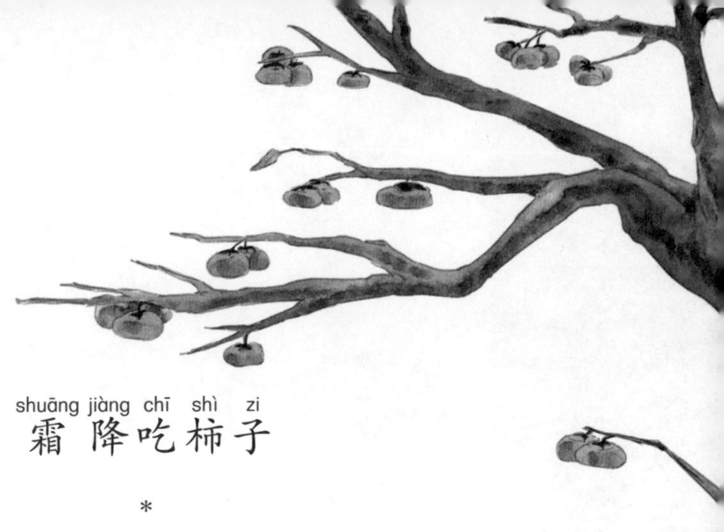

霜降吃柿子

*

传说明朝开国皇帝朱元璋早年因家境贫寒，曾做过一段时间的和尚，经常四处乞讨，风餐露宿。

一天，恰逢霜降，几天没吃饭的朱元璋饿晕滚下山坡，被一棵柿子树挡住。他梦见一位老神仙站在树下说：“柿子救命！”被吓醒的朱元璋惊喜地发现，树上果然结满了柿子，于是他饱餐了一顿，保住了性命。

此后，霜降节吃柿子的习俗便流传了下来。

冬天，白雪皑皑，银装素裹，仿佛是一个美丽的童话世界。二十四节气中属于冬季的有立冬、小雪、大雪、冬至、小寒和大寒。

立冬

dōng tiān shì chén shuì de jì jié lì dōng shí jié shì jiè
冬天是沉睡的季节。立冬时节，世界
hǎo xiàng tū rán ān jìng le tiān shàng bú zài yǒu pán xuán gāo fēi de
好像突然安静了。天上不再有盘旋高飞的
yīng yàn lù dì shàng de xiǎo dòng wù men yě zhú jiàn jìn rù le dōng
鹰雁，陆地上的小动物们也逐渐进入了冬
mián wàn wù jì jìng yí pài xiáng hé
眠。万物寂静，一派祥和。

小雪

zhī hòu jiù dào le xiǎo xuě shí jié dà jiā fēn fēn kāi shǐ
之后就到了小雪时节。大家纷纷开始
wèi guò dōng zuò zhǔn bèi nǎi nai máng zhe yān cài yé ye máng zhe
为过冬做准备，奶奶忙着腌菜，爷爷忙着
shā zhū mā ma máng zhe zuò là ròu bà ba máng zhe niàng jiǔ
杀猪，妈妈忙着做腊肉，爸爸忙着酿酒，
xiǎo péng you yě bú yào wàng le xué xí o
小朋友也不要忘了学习哦。

大雪

dà xuě jié qì de dào lái yì wèi zhe hán dōng jiāng zhì
大雪节气的到来，意味着寒冬将至，
jī xuě fù gài le dà dì wàn wù fǎng fú dōu gài shàng le yì céng
积雪覆盖了大地，万物仿佛都盖上了一层
hòu hòu de bèi zi xiǎo péng you men kě yǐ chū qù dǎ xuě zhàng
厚厚的被子。小朋友们可以出去打雪仗、
duī xuě rén la
堆雪人啦。

冬至

zhōng guó zì gǔ jiù yǒu "dōng zhì guī jiā" de chuán tǒng,
中国自古就有"冬至归家"的传统，
chī yì wǎn gǔn tàng de jiǎo zi, dōng tiān bú zài hán lěng, yě bú
吃一碗滚烫的饺子，冬天不再寒冷，也不
huì dòng huài ěr duo; lái yì wǎn tāng yuán, yì wèi zhe yì jiā rén
会冻坏耳朵；来一碗汤圆，意味着一家人
tuán tuán yuán yuán.
团团圆圆。

小寒

xiǎo hán shì yì nián zhōng zuì lěng de jié qì, méi huā què bú
小寒是一年中最冷的节气，梅花却不
wèi hán dōng, ào rán zhàn fàng. zhèng suǒ wèi "bù jīng yì fān chè
畏寒冬，傲然绽放。正所谓"不经一番彻
gǔ hán, zěn dé méi huā pū bí xiāng", xiǎo péng you men yě yào xiàng
骨寒，怎得梅花扑鼻香"，小朋友们也要向
méi huā xué xí, mó liàn yì zhì.
梅花学习，磨炼意志。

大寒

dōng tiān de zuì hòu yí gè jié qì shì dà hán, yě shì
冬天的最后一个节气是大寒，也是
èr shí sì jié qì zhōng de zuì hòu yí gè. kù hán lǐn lǐn, cǐ
二十四节气中的最后一个。酷寒凛凛，此
shí dà jiā yě yào zhù yì fáng hán、fáng cháo, děng áo guò zhè hán
时大家也要注意防寒、防潮，等熬过这寒
dōng, wǒ men jiù yào yíng jiē xīn de yì nián le.
冬，我们就要迎接新的一年了。

立冬

[节气知识]

立冬，在每年公历11月7日或8日。立冬，表示从秋季向冬季过渡，意味着干燥少雨的秋季已经过去，自此进入了天寒地冻的冬季。立冬后，日照时间将继续缩短，正午太阳的高度也会继续降低，天气也越来越寒冷。在古代，立冬是个重大的节日，民间有祭祖、宴饮、卜岁等习俗。

立冬后，天气越来越寒冷，地上的水已经结成冰块儿了，大地也开始冻结，野鸡一类的

大鸟不多见了，海边却可以看到外壳与野鸡羽毛颜色相似的大蛤。所以古人以为，野鸡（即雉）到立冬后就变成大蛤（即蜃）了，“海市蜃楼”就是大蛤吐气而形成的。

一候水始冰；
二候地始冻；
三候雉入大水为蜃。

[节气故事]

hè dōng
贺冬

*

zài gǔ dài, lì dōng yǒu hè dōng de xí sú.
在古代，立冬有贺冬的习俗。

hè dōng yòu chēng "bài dōng", zǎo zài hàn dài jiù yǒu cǐ xí sú le. měi dào lì dōng zhè tiān, rén men biàn huàn shàng xīn yī fu, hù xiāng qìng hè dōng tiān lái le. měi féng cǐ rì, hái tóng men biàn yào zhěng lǐ xíng zhuāng, xié dài jiā lǐ zhǔn bèi de lǐ wù, kě yǐ shì là ròu, xīn xiān shuǐ guǒ hé shū cài děng, yī guān duān zhèng de qù xué xiào huò lǎo shī jiā lǐ, jìn xíng rù xué bài shī yí shì.
贺冬又称“拜冬”，早在汉代就有此习俗了。每到立冬这天，人们便换上新衣服，互相庆贺冬天来了。每逢此日，孩童们便要整理行装，携带家里准备的礼物，可以是腊肉、新鲜水果和蔬菜等，衣冠端正地去学校或老师家里，进行入学拜师仪式。

赤豆糯米饭

*

相传，很久以前有一位叫共工氏的人，他的儿子不成才，并且作恶多端，后来死在了立冬这一天，可是他死后并没有离开，而是变成了疫鬼，继续残害百姓。

人们知道这个疫鬼最怕赤豆后，就在每年的这一天煮赤豆糯米饭，全家一起吃赤豆糯米饭来驱避疫鬼，防灾祛病。所以在江南水乡，逐渐形成了在立冬之夜吃赤豆糯米饭的习俗。

[节气知识]

小雪，在每年公历11月22日或23日，是反映气候特征和降水的节气。小雪后，寒潮和强冷空气活动频繁，天气寒冷，降水形式由雨改为雪，但由于此时还未到非常寒冷的程度，所以降雪量还不足，故称作小雪。一般而言，小雪时节已经进入初冬，天气逐渐转冷，地面上的露珠也变成了严霜，天空中的雨滴会变成雪花，整个大地像披上了一层洁白的素装。

到了小雪时节，由于天气越来越寒冷，降雪取代了降雨，空气也更加干燥，因此彩虹像躲起来一样，人们无法见到。古人认为，小雪后天空中的阳气会慢慢上升，大地中的阴气开始逐渐下降，因此导致阴阳不交，万物失去了生机，开始闭塞而转入严寒的冬天。

小雪三候

一候虹藏不见；
二候天气上升地气下降；
三候闭塞而成冬。

[节气故事]

晒太阳

*

宋国有一个农夫，由于家境贫穷，冬天只穿破麻烂絮，有一天他到村子的东边去干活的时候，面朝黄土背朝天，他的后背在太阳底下晒得暖暖和和的，特别舒服。

他对妻子说："应该还没有人知道后背晒太阳的温暖。我们可以把这个方法献给我们的君王，一定会得到重赏！"

后来人们也渐渐知道小雪时节多晒太阳对身体好，便有了在小雪时节晒太阳的说法。

吃糍粑

*

在我国南方的一些地区，小雪时节有吃糍粑的习俗。俗话说：“糍粑碌碌烧。”

“碌碌”，是像车轮轱辘“碌碌”滚动的声音，指要用筷子卷起糯米粉团，像车轱辘那样前后左右滚动，以便粘上芝麻、花生、砂糖等辅料。“烧”，是指热气腾腾，这样才吃着暖和有生气。因此，吃糍粑一要热，二要黏才过瘾。

大雪

[节气知识]

大雪，在每年公历12月6日至8日之间。大雪是直接反映降水的节气，意味着天气越来越寒冷，降水越来越多，强冷空气频繁，因此大雪后最常见的就是降温、下雪。在我国大部分地区，大雪时节后的大地都已经披上了冬日的盛装，银装素裹，一派祥和。民间有在大雪后开始腌制腊肉香肠、观赏封河的习俗。

大雪时节后，天气更加寒冷，

寒号鸟（即鹖旦）也停止了鸣叫，老虎却开始向雌性发出求偶的信号，开始繁衍后代。荔挺（兰草的一种）的叶子像蒲草一样细小，根部较硬，因此它非常耐寒，在大雪后发出了新芽。

大雪三候

一候鹖旦不鸣；
二候虎始交；
三候荔挺出。

[节气故事]

“年”兽

*

相传，“年”是一种长着尖角的凶猛怪兽，它虽然长年深居海底，但每到除夕，都会爬上岸来伤人。人们对这种动物十分恐惧，为了躲避伤害，每到年底就足不出户，但不出门就没有吃的。后来聪明的人们想出了一个方法：将肉食腌制存放，新鲜的蔬菜则风干保存。就这样，渐渐形成了在大雪时节腌肉的习俗，直到现在还有人用这种方法保存食物。

hán háo niǎo

寒号鸟

*

xià tiān shí hán háo niǎo quán shēn dōu zhǎng mǎn le xuàn lì de yǔ
夏天时，寒号鸟全身都长满了绚丽的羽
máo fēi cháng měi lì yīn cǐ hán háo niǎo tè bié jiāo ào jué de
毛，非常美丽。因此寒号鸟特别骄傲，觉得
zì jǐ shì tiān dǐ xià zuì piào liang de niǎo le tā zhěng tiān bǎi nòng zhe yǔ
自己是天底下最漂亮的鸟了。它整天摆弄着羽
máo dào chù xuàn yào
毛，到处炫耀。

dào le qiū tiān niǎor men yǒu de fēi dào nán fāng guò dōng yǒu de
到了秋天，鸟儿们有的飞到南方过冬，有的
liú xià lái tún jī shí wù xiū lǐ cháo xué wèi guò dōng zuò zhǔn bèi
留下来，囤积食物，修理巢穴，为过冬做准备。
zhǐ yǒu hán háo niǎo yī jiù zhěng rì dào chù xuàn yào zì jǐ de yǔ máo
只有寒号鸟，依旧整日到处炫耀自己的羽毛。

dōng tiān zhōng yú lái le niǎor men dōu huí dào zì jǐ wēn nuǎn
冬天终于来了，鸟儿们都回到自己温暖
de wō lǐ zhè shí de hán háo niǎo shēn shang piào liang de yǔ máo tuō
的窝里。这时的寒号鸟，身上漂亮的羽毛脱
luò le zài dà xuě shí jié bèi dòng sǐ tíng zhǐ le míng jiào
落了，在大雪时节被冻死，停止了鸣叫。

冬至

[节气知识]

冬至，在每年公历12月21日至23日之间，以12月22日居多。冬至是传统的祭祖节日，同时也和夏至一样是反映日照时长的节气。冬至是一年里太阳最偏南的一天，是我国所在的北半球白天最短、夜晚最长的一天。冬至之后，全国大部分地区的温度低至零摄氏度。因此，冬至意味着寒冷的冬天真的到来了。

冬至后，白天逐日变长，夜晚逐日变短。

suī rán tài yáng zhào shè zài dà dì shàng de shí jiān yuè lái yuè jiǔ le dàn
虽然太阳照射在大地上的时间越来越久了，但
shì pà lěng de xiǎo qiū yǐn yī rán bǎ shēn tǐ quán suō zhe bǎo nuǎn jí xiáng
是怕冷的小蚯蚓依然把身体蜷缩着保暖。吉祥
xìng fú de shǐ zhě mí lù zài dōng zhì zhè tiān bǎ tā tuō luò de
幸福的使者——麋鹿，在冬至这天把它脱落的
měi lì de lù jiǎo dàng zuò lǐ wù sòng gěi
美丽的鹿角当作礼物送给
rén men liú xià měi hǎo de zhù fú
人们，留下美好的祝福。

nuǎn nuǎn de tài yáng róng huà le bīng dòng de
暖暖的太阳融化了冰冻的
quán shuǐ ràng tā men huān kuài de zài shān
泉水，让它们欢快地在山
jiān chàng gē tiào wǔ
间唱歌跳舞。

dōng zhì sān hòu
冬至三候

yī hòu qiū yǐn jié
一候蚯蚓结；
èr hòu mí jiǎo jiě
二候麋角解；
sān hòu shuǐ quán dòng
三候水泉动。

[节气故事]

饺子的由来

*

东汉时期，有一位名医叫张仲景。有一年冬天，他在回乡的途中，看到很多人面黄肌瘦，冻得不成样子，很多人的耳朵都冻坏了。张仲景为了帮助人们，就在冬至那天，给大家煮一种叫“娇耳”的食物，让人们吃了后不再怕冷受冻。由于“娇耳”很像耳朵，人们吃了后被冻伤的耳朵也治好了，由此就形成了在冬至吃“娇耳”的习俗。“娇耳”后来演变为饺子，一直流传至今。

hún tun de yóu lái

馄饨的由来

*

dōng zhì chú le chī jiǎo zi wài lìng yí zhǒng shèng xíng de fēng sú shì
冬至除了吃饺子外，另一种盛行的风俗是
chī hún tun
吃馄饨。

xiāng chuán wú yuè zhēng bà shí wú wáng dǎ bài yuè wáng bù jǐn huò
相传吴越争霸时，吴王打败越王，不仅获
dé le jīn yín cái bǎo hái qiáng qǔ huí le xīn líng shǒu qiǎo de xī shī
得了金银财宝，还强娶回了心灵手巧的西施。
wú wáng yǒu yí cì shì chī le xī shī yòng miàn pí bāo guǒ zhe xiàn liào zuò de
吴王有一次试吃了西施用面皮包裹着馅料做的
shí wù dà wéi zàn tàn wèn xī shī zhè shì shén me dōng xi xī shī
食物，大为赞叹，问西施这是什么东西。西施
xiǎng zhe zhè hūn jūn chén mí měi sè bù lǐ cháo zhèng jiù shuō cǐ wù shì
想着这昏君沉迷美色，不理朝政，就说此物是
hún tun yīn yǔ hùn dùn fā yīn xiāng sì biàn qǔ qí yì
馄饨（因与“混沌”发音相似，便取其意），
cǐ hòu hún tun biàn liú rù mín jiān rén men wèi le jì niàn xī shī de zhì
此后馄饨便流入民间，人们为了纪念西施的智
huì hé chuàng zào lì biàn zài dōng zhì shí chī hún tun
慧和创造力，便在冬至时吃馄饨。

小寒

[节气知识]

小寒，在每年公历1月5日至7日之间。小寒是表示气温冷暖变化的节气，意味着寒冷冬季的正式开始，我国进入了一年中最寒冷的日子。小寒节气后，大风呼啸，降温极快，雨雪频繁，气温极低，土壤冻结，河流封冻。我国大部分地区已进入严寒时期。

小寒节气后，尽管北方的气候依旧寒冷，但在南方过冬的大雁已经开始准备迁徙回北方，因为路途遥远，它们直到立春前后

cái néng huí dào yuán lái chū fā de dì
才能回到原来出发的地

fang xǐ què sì hū néng gòu gǎn jué dào
方。喜鹊似乎能够感觉到

dà dì de méng dòng kāi shǐ zhù cháo
大地的萌动，开始筑巢，

bìng běn néng de jiāng shù shàng dā de wō
并本能地将树上搭的窝

mén cháo xiàng nán miàn zhì niǎo zài xiǎo hán
门朝向南面。雉鸟在小寒

hòu yě huì yīn gǎn dào dà dì shàng yáng qì de shēng zhǎng ér kāi shǐ
后，也会因感到大地上阳气的生长而开始

míng jiào jí gòu
鸣叫（即雊）。

xiǎo hán sān hòu
小寒三候

yī hòu yàn běi xiàng
一候雁北乡；

èr hòu què shǐ cháo
二候鹊始巢；

sān hòu zhì shǐ gòu
三候雉始雊。

[节气故事]

xiǎo hán sòng lǐ wù

小寒送礼物

*

jù shuō zài táng cháo de shí hou xiǎo hán shí jié wǎng wǎng yǔ là rì
据说在唐朝的时候，小寒时节往往与腊日

gǔ shí là jì zhī rì nóng lì shí èr yuè chū bā xiāng lín bù yuǎn
(古时腊祭之日，农历十二月初八)相邻不远，

yóu yú tiān qì hán lěng yīn cǐ shè huì shàng shèng xíng xiāng hù zèng sòng lǐ
由于天气寒冷，因此社会上盛行相互赠送礼

wù de xí sú shàng zhì dá guān xiǎn guì xià zhì píng mín bǎi xìng dōu bú
物的习俗。上至达官显贵，下至平民百姓都不

lì wài nà rén men dào dǐ hù xiāng zèng sòng shén me lǐ wù ne yǒu kǒu
例外。那人们到底互相赠送什么礼物呢？有口

zhī miàn yào dōng yī là ròu děng kǒu zhī miàn yào dōu shì yòng
脂、面药、冬衣、腊肉等。口脂、面药都是用

lái tú mǒ zuǐ chún hé liǎn miàn fáng zhǐ dòng shāng de dōng yī là ròu gēng
来涂抹嘴唇和脸面防止冻伤的。冬衣、腊肉更

bú yòng shuō dāng rán shì yòng lái bǎo nuǎn hé shí yòng la jí shǐ dào le
不用说，当然是用来保暖和食用啦！即使到了

xiàn zài zhè xiē réng rán shì wǒ men dōng jì de bì bèi wù pǐn
现在，这些仍然是我们冬季的必备物品。

腊八粥

*

据说，明太祖朱元璋小时候家里很穷，便给一家财主放牛。可是牛在过桥时摔断了腿，老财主便把朱元璋关起来不给饭吃。饥饿的朱元璋发现屋里有一个鼠洞，他扒开一看，里面有米、豆，还有红枣。他把这些东西合在一起煮成粥后，吃起来十分可口。

后来朱元璋当了皇帝，又想起了这件事，便叫御厨煮了一锅这样的粥。吃的这一天正好是农历腊月初八，因此就叫腊八粥。做法传到民间后，便有了在小寒时节吃腊八粥避寒的习俗。

大寒

[节气知识]

大寒，在每年公历1月20日或21日。大寒是二十四节气中的最后一个节气，同小寒一样，也是表示天气寒冷程度的节气，同时也是一年中最寒冷的时期。大寒节气后，风大、低温、积雪不化，呈现出冰天雪地、天寒地冻的严寒景象。

大寒后，母鸡开始慢慢地孵化小鸡了，鹰隼（比较凶猛的鸟）之类的征鸟经常盘旋于空中，四处寻找猎物，以补充身体需要的热量抵御严寒，它们此时正处于捕食能力极强的状态。在一年的最后十五天里，由于非常寒冷，水域中的冰可以一直冻到水中央（即水泽腹），而且最厚、最结实。

一候鸡始乳；

二候征鸟厉疾；

三候水泽腹坚。

灶王爷

*

相传，灶王爷是玉皇大帝派到人间监督善恶的神，他每年都要上天向玉皇大帝汇报人间的事情。在他返回天上之前，人们会在农历腊月二十三为他设祭送行。

人们为了不让灶王爷说坏话，便想了一个方法：把关东糖（一种麦芽糖，又称灶糖、麻糖等）用火化开，涂抹在灶王爷嘴上。寓义是“上天言好事，下界保平安”。后来在大寒期间祭灶王，逐渐成为民间一种祈福的习俗。

买芝麻秸

*

在我国一些地区，每到大寒时节，街上就有人叫卖芝麻秸，人们争相购买，供不应求。由于芝麻秸又轻又脆，一捏就碎，所以到了除夕夜，人们就将芝麻秸随意地放在路上，供孩童踩碎，取其谐音“彩岁”。“碎”“岁”谐音，寓义“岁岁平安”，以求新年里有好彩头，祈求新的一年平平安安、身体健康。

图书在版编目（CIP）数据

二十四节气故事 / 学而思教研中心改编 . -- 北京：石油工业出版社，2020.10
（学而思大语文分级阅读）
ISBN 978-7-5183-4094-1

Ⅰ. ①二… Ⅱ. ①学 Ⅲ. ①二十四节气－青少年读物 Ⅳ. ① P462-49

中国版本图书馆 CIP 数据核字（2020）第 107235 号

二十四节气故事

学而思教研中心　改编

策划编辑：王　昕　曹敏睿
责任编辑：马金华　唐俊雅
责任校对：刘晓雪
执行主编：田　雪
改　　写：毕　洋
出版发行：石油工业出版社
（北京安定门外安华里 2 区 1 号 100011）
网　址：www.petropub.com
编辑部：（010）64523616　64252031
图书营销中心：（010）64523731　64523633
经　　销：全国新华书店
印　　刷：捷鹰印刷（天津）有限公司

2020 年 10 月第 1 版　2020 年 10 月第 1 次印刷
710×1000 毫米　开本：1/16　印张：7.5
字数：70 千字

定价：22.80 元
（如出现印装质量问题，我社图书营销中心负责调换）